架空线路巡视

作业一本通

国网宁波供电公司　编

图书在版编目（CIP）数据

架空线路巡视作业一本通 / 国网宁波供电公司编．—北京：中国电力出版社，2019.8
ISBN 978-7-5198-3502-6

Ⅰ．①架…　Ⅱ．①国…　Ⅲ．①架空线路巡线　Ⅳ．①TM755

中国版本图书馆 CIP 数据核字（2019）第 173120 号

出版发行：中国电力出版社
地　　址：北京市东城区北京站西街 19 号
邮政编码：100005
网　　址：http://www.cepp.sgcc.com.cn
责任编辑：高　芬　罗　艳（010-63412315）　邓慧都
责任校对：黄　蓓　马　宁
装帧设计：张俊霞
责任印制：石　雷

印　　刷：北京博图彩色印刷有限公司
版　　次：2019 年 10 月第一版
印　　次：2019 年 10 月北京第一次印刷
开　　本：787 毫米×1092 毫米　横 32 开本
印　　张：4
字　　数：69 千字
印　　数：0001—1500 册
定　　价：34.00 元

编 委 会

前 言 Preface

随着电网建设的蓬勃发展，架空线路规模日益扩大。为适应国家电网有限公司架空线路精益化运维要求，提高一线输电员工的架空线路检修、维护及状态评价（评估）等能力。国网宁波供电公司组织管理专家和生产运维一线骨干人员，按照“安全、规范、实用”的原则，编写了《架空线路巡视作业一本通》。

本书结合基层单位实际和架空线路运行巡视经验编写而成，具有系统、全面、图文并茂、切合实际等特点，适用输电人员作为技能辅助教材，通过学习掌握架空线路的基本知识、各类运行巡视特殊要求及解决办法，从而提高学员自身的技能水平，实现培训工作效率、效益的双提升。

本书在编写过程中得到了上级主管部门的大力支持，在内容指导、审核把控等方面提供了大力帮助，在此一并表示衷心感谢。

由于编者水平有限，书中难免存在错误和疏漏之处，敬请广大读者批评指正。

本书编委会

2019 年 8 月

Contents 目 录

架空线路巡视介绍

1.1 巡 视 定 义

为掌握线路的运行状况，及时发现线路本体、附属设施以及线路保护区出现的缺陷或隐患，并为线路检修、维护及状态评价（评估）等提供依据，近距离对线路进行观测、检查、记录的工作。

1.2 巡 视 分 类

根据不同的需要（或目的），线路巡视可分为三种，为正常巡视、故障巡视、特殊巡视。

1.2.1 正常巡视

线路巡视人员按一定的周期对线路所进行的巡视，包括对线路设备（指线路本体和附属设备）和线路保护区（线路通道）所进行的巡视。

1.2.2 故障巡视

运行单位为查明线路故障点、故障原因及故障情况等所组织的线路巡视。

1.2.3 特殊巡视

在特殊情况下或根据特殊需求，采用特殊巡视方法所进行的线路巡视。包括夜间巡视、交叉跨越巡视、登杆塔检查、防外破巡视以及直升机（或利用其他飞行器）空中巡视、保供电巡视等。

1.3 巡视准备工作

1.3.1 着装

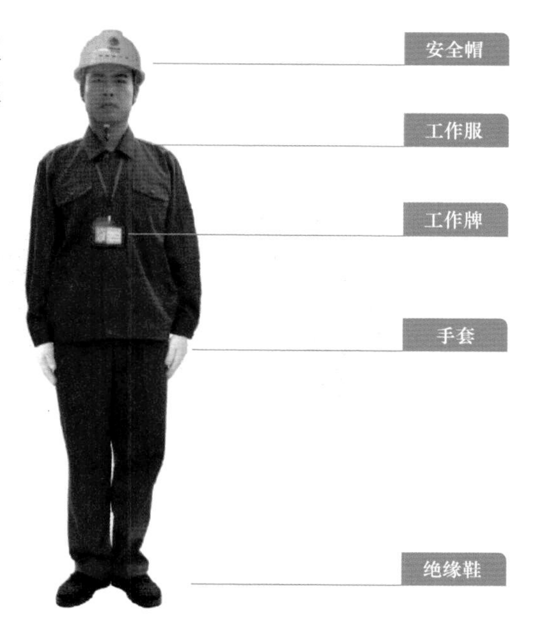

1.3.2 小组工具准备

1.3.3 个人工具准备

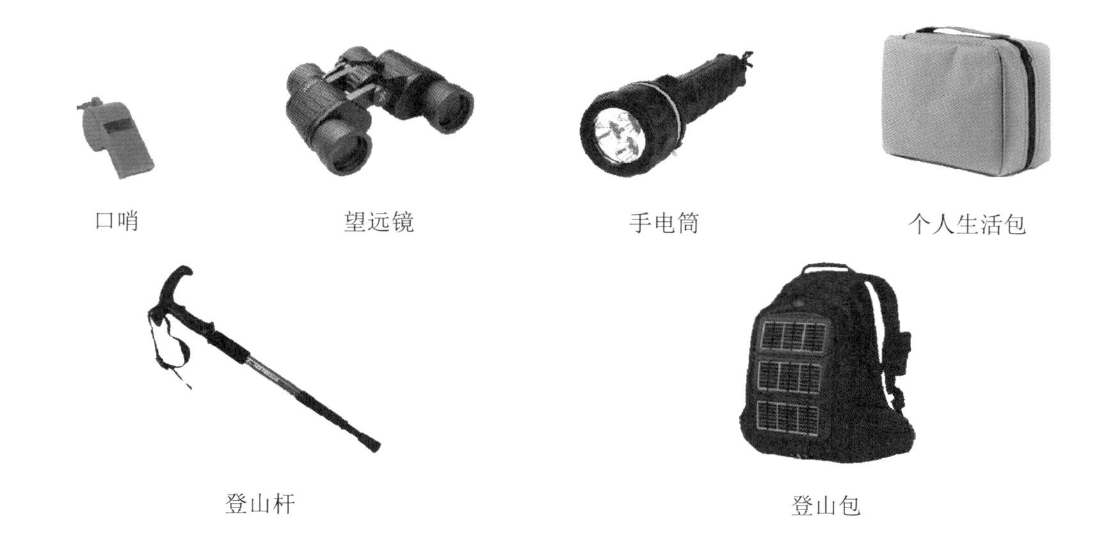

口哨　望远镜　手电筒　个人生活包

登山杆　登山包

1.4 巡视作业安全注意事项

（1）现场巡视和异常情况处理应首先确保自身安全。

（2）高温天气巡线时应携带防暑降温用品，防止中暑。

（3）雷雨天气，严禁在大树或杆塔下方停留；巡视人员应避开杆塔、导线，应远离线路或暂停巡视，以保证巡线员的人身安全。

（4）巡线中遇有台风等天气时，巡线员应在上风侧沿线行走，不得在线路的下风侧行走，以防断线倒杆危及巡线员的安全。

（5）山区和夜间巡线严禁单人巡线，夜间巡线应携带足够的照明工具，沿线路外侧进行。

（6）注意对环境的保护，不乱扔废旧电池、塑料制品，做到垃圾入袋。严禁山上用火、吸烟。

（7）户外帐篷搭建尽量在坚硬、平坦的地面；要把所有地钉和防风绳都固定起来，帐篷门应该设在避风的一面，注意帐篷的排水与防虫。

（8）严禁私自下河游泳，严禁淌水过河。

（9）巡线时注意防止狗、蛇等动物咬伤，随身携带蛇药等药品。

（10）巡线时应沿线路外侧行走，大风时应沿上风侧行走，发现导线断落地面或悬吊空中，应设法防止行人靠近断线地点 8m 以内，以免跨步电压伤人，并迅速报告小组负责人，等候处理。

（11）在巡视线路时，禁止攀登杆塔，禁止攀爬变压器台架、接触变压器、电容器等任何电器设备。

正 常 巡 视

2.1 巡 视 流 程

2.1.1 工作班工作流程

01 工作前准备

作业前，工作负责人应做好本次作业的准备工作，确认相关资料，并向小组工作负责人（组长）签发工作任务单。

02 现场站班会

工作负责人应召集工作成员进行“三交三查”，包括交代工作任务、安全措施、进行危险点告知，检查人员状况和工作准备，工作班成员签字确认。

03 巡视作业

按任务分工，在本人任务巡视段内按要求进行巡视，发现隐患及时汇报小组工作负责人并做相应记录。巡视结束工作负责人确认工作成员全部返回，并汇总上报。

04 工作交接

工作离岗前，对发现的缺陷、隐患、安全注意事项等做交接。

2.1.2 巡视工作流程

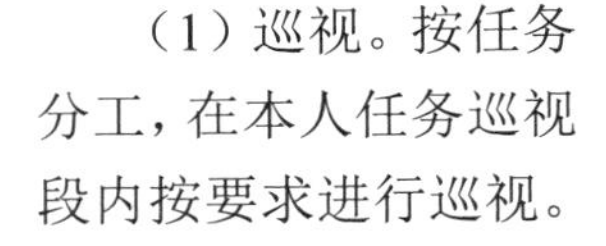

（1）巡视。按任务分工，在本人任务巡视段内按要求进行巡视。

（2）汇报。发现缺陷或隐患时，应第一时间向小组工作负责人汇报。

（3）记录。汇报完毕，应立即在巡检卡（见图）上进行详细记录并拍摄现场照片。

线路名称、杆号应正确、完整

国网宁波供电公司检修分公司输电运检室

特殊巡视现场作业卡

线路名称及杆塔号：纪棠2U65线、纪庄2U66线

巡视人员：

检查项目	纪棠2U65线				纪庄2U66线			
	1#	2#	3#		1#	2#	3#	
绝缘子、金具、部件	√	X	√		√	√	√	
杆塔及拉线	√	√	√		√	√	√	
鸟窝	√	√	X		√	√	√	
各类标志牌	√	√	√		√	√	X	
基础、护坡、防撞	√	√	√		√	√	X	
接地装置	√	√	√		√	√	√	
通道	√	√	X	√	√	√	X	√
防护	√	√	√	√	√	X	√	√
导地线	√	√	√	√	√	√	√	√
光缆 OPGW	√	√	√	√	√	√	√	√
光缆 ADSS	√	√	√	√	√	√	√	√

缺陷问题描述：

① 纪棠2U65线2#大号侧B相（中相）中间自爆1片

×× 2016年6月20日

缺陷问题描述按照“××线+××位置+缺陷具体描述”的形式记录

2.2 线路本体巡视及常见缺陷

2.2.1 基础及接地装置

1. 巡视内容

基础及接地装置部分主要包括基础立柱、保护帽、护坡、接地引下线等部分，巡视时应注意如下内容：

（1）基础立柱巡视应注意检查所巡视杆塔基础立柱是否有破损、缺角、蜂窝孔洞、裂缝等；保护层是否有粉化、脱落；是否有钢筋外露、锈蚀；基础立柱被埋、基础积水等情况。

（2）保护帽巡视应注意检查所巡视杆塔有无保护帽；保护帽是否有破损、蜂窝孔洞、裂缝、粉化、渗水（尤其是钢管杆）等情况。

（3）护坡巡视应注意检查所巡视杆塔基础上山坡方向山体是否有碎石掉落、山体有坍塌迹象；下山坡方向基础边坡距离是否满足要求，山体是否被雨水冲刷严重，原有护坡是否有开裂等情况。

（4）接地引下线巡视应注意检查所巡视杆塔是否有接地引下线；接地引下线是否与杆塔连接牢固，连接螺栓是否松动、缺失；接地引下线是否锈蚀、开断；接地线是否外露等情况。

2. 常见缺陷

基础立柱露筋

保护帽风化

基础内积水

基础立柱被埋

接地引下线锈蚀

接地引下线断裂

接地线外露

基础回填土下沉

基础护坡不足

3. 填报要求

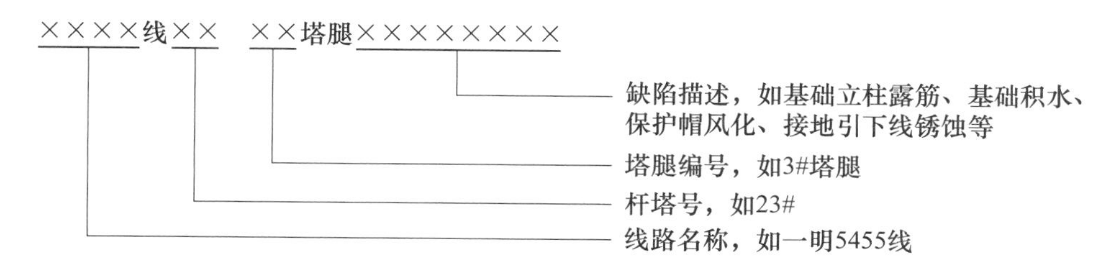

例：一明 5455 线 23#—4#塔腿保护帽风化。

4. 处置措施

发现该类缺陷应立即上报，危及线路安全运行的严重缺陷或紧急缺陷需要布置现场紧急处理措施后，安排处理；一般缺陷结合工作计划或上报大修、技改计划安排消缺。

2.2.2 标示牌

1. 巡视内容

标示牌主要包括杆号牌、警告牌、色标牌、警示大牌，巡视时应注意如下内容：

（1）杆号牌巡视应注意检查所巡视杆塔是否有杆号牌，杆号牌内容是否正确、相位色标是否正确，大小号方向或左右侧是否挂反、杆号牌是否褪色、锈蚀、螺栓松动或缺失等情况。

（2）警告牌巡视应注意检查所巡视杆塔是否有警告牌；警告牌是否褪色、锈蚀、螺栓松动或缺失等情况。

（3）色标牌巡视应注意检查所巡视杆塔是否有色标牌（单回线路一般没有色标牌）；色标牌是否褪色、锈蚀或缺失，塔上色标牌颜色与杆号牌色标颜色是否一致等情况。

（4）警示大牌主要立于线路通道内，主要包括施工警示牌、钓鱼警示牌、防撞警示牌、防火警示牌等，巡视时应注意线路通道隐患处是否正确设置相应警示牌，警示牌否褪色、锈蚀、倾倒或损坏等情况。

电力为人人，人人保电力

编号：施工-140001

根据国务院发布《电力设施保护条例》第四条规定：电力设施受国家法律保护，禁止任何单位或个人从事危害电力设施的行为。

高压线下禁止起吊违章作业

高压线线塔周围禁止取土

严禁在高压电缆、电缆沟上方及两侧2米范围内挖掘、钻探、取土、打桩。

温馨提示：根据公安部第8号令《电力设施保护条例实施细则》，您已进入架空电力线路保护区，禁止上述危害电力设施的行为。

如有疑问请联系：××××××××

2. 常见缺陷

杆号牌、警告牌锈蚀

杆号牌内容错误

注：宁仓应该为宁苍。

杆号牌与色标版颜色不一致

杆号牌支架锈蚀断裂

警告牌褪色

警示大牌损坏

3. 填报要求

（1）杆号牌、警告牌缺陷：

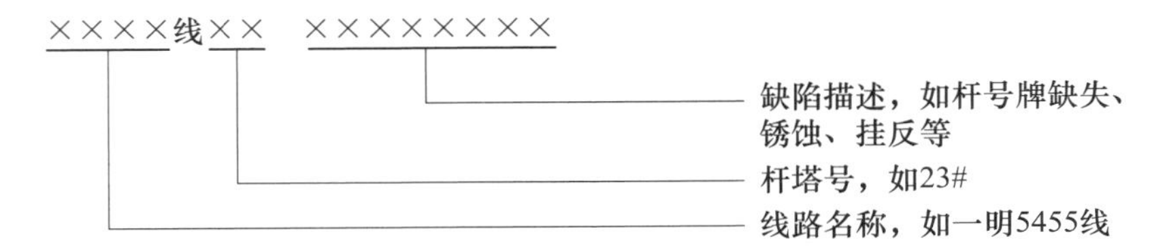

例：一明 5455 线 23#—杆号牌缺失。

（2）色标牌缺陷：

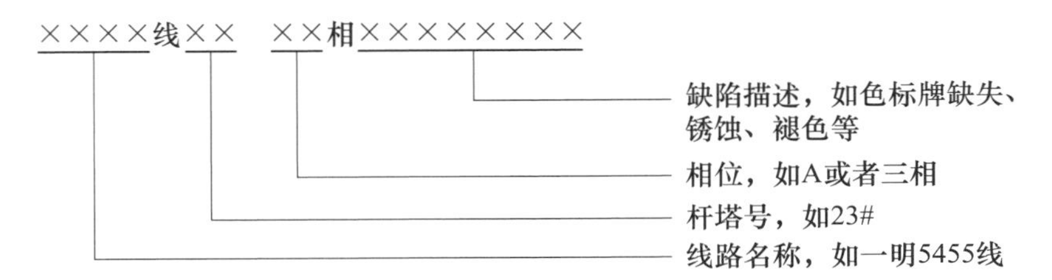

例：一明 5455 线 23#—A 相色标牌缺失。

（3）警示大牌缺陷：

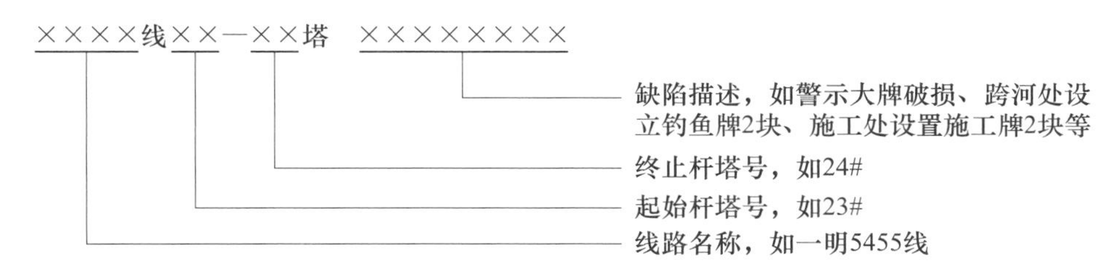

例：一明 5455 线 23#—24#跨河处设立钓鱼牌 2 块。

4. 处置措施

发现该类缺陷应立即上报，结合工作计划安排消缺。

2.2.3　杆塔

1. 巡视内容

杆塔巡视应注意检查所巡视杆塔是否有倾斜或扭转；塔材是否缺失、变形、锈蚀；螺栓松动、脚钉和爬梯是否缺失、变形。

2. 常见缺陷

杆塔倾斜

施工机械引起的塔材变形

塔材锈蚀

塔材缺失

脚钉缺失

3. 填报要求

（1）杆塔倾斜、塔材锈蚀、螺栓松动缺陷：

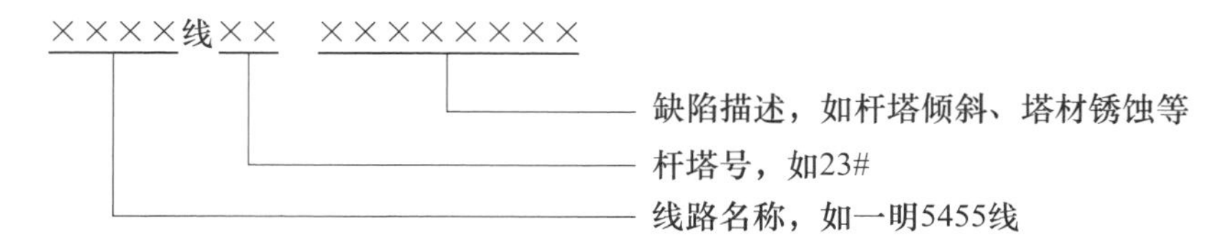

例：一明 5455 线 23#—4#杆塔向大号侧倾斜。

（2）塔材变形、塔材缺失缺陷：

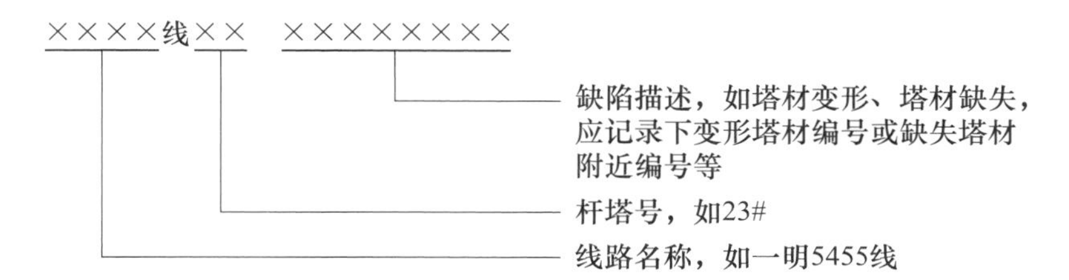

例：一明 5455 线 23#—1025 号塔材变形。

（3）脚钉和爬梯缺失缺陷：

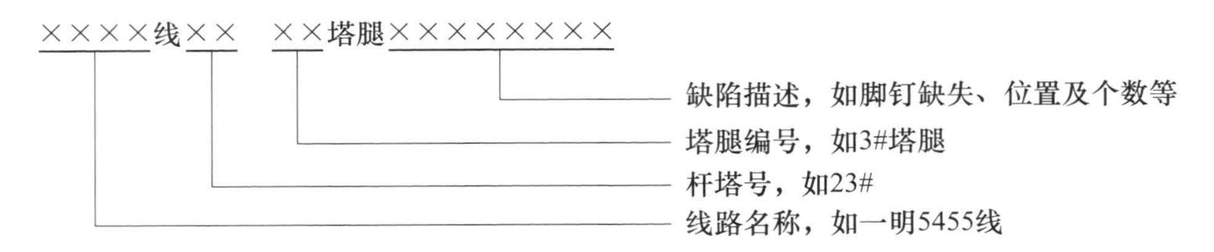

例：一明 5455 线 23#—4#塔腿塔身失脚钉 5 个。

4. 处置措施

发现该类缺陷应立即上报，危及线路安全运行的严重缺陷或紧急缺陷需要布置现场紧急处理措施后，安排处理；一般缺陷结合工作计划或上报大修、技改计划安排消缺。对于杆塔倾斜或塔材严重变形等缺陷在消缺前应定期监控，直至缺陷消除。

2.2.4 拉线

1. 巡视内容

拉线巡视时应注意检查所巡视拉线是否有断股、锈蚀；引上棒是否锈蚀；有无护套、护套是否破损，拉线基础是否有上拔起土，拉线是否被植被缠绕等情况。

2. 常见缺陷

拉线锈蚀

拉线地锚被埋

拉线断股

拉线上被植被缠绕

拉线散股

3. 填报要求

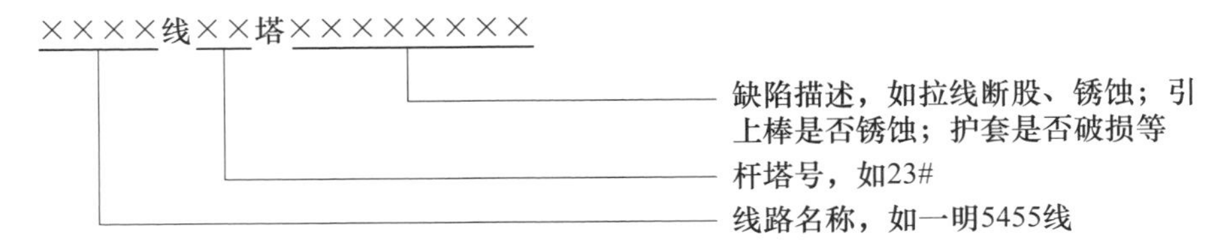

例：一明 5455 线 23#塔拉线锈蚀。

4. 处置措施

发现该类缺陷应立即上报，危及线路安全运行的严重缺陷或紧急缺陷需要布置现场紧急处理措施后，安排处理。在消缺前应定期监控，直至缺陷消除；一般缺陷结合工作计划或上报大修、技改计划安排消缺。

2.2.5 绝缘子

1. 巡视内容

绝缘子主要包括玻璃绝缘子、合成绝缘子、瓷质绝缘子、防风偏绝缘子等，巡视应注意如下内容：

（1）玻璃绝缘子：巡视时应注意检查所巡视线路的玻璃绝缘子是否有自爆、脏污、掉串、倾斜、泄漏电流声音过大；均压环或屏蔽环歪斜、断裂、脱落；招弧角脱落等情况。

（2）合成绝缘子：巡视时应注意检查所巡视线路的合成绝缘子是否有脏污、掉串、倾斜、泄漏电流声音过大；闪裙脱落、龟裂、粉化；均压环或屏蔽环歪斜、断裂、脱落；招弧角脱落等情况。

（3）瓷质绝缘子：巡视时应注意检查所巡视线路的瓷质绝缘子是否有脏污、掉串、倾斜、泄漏电流声音过大；均压环或屏蔽环歪斜、断裂、脱落；招弧角脱落等情况。

（4）防风偏绝缘子：巡视时应注意检查所巡视线路的防风偏绝缘子是否有脏污、掉串、倾斜、泄漏电流声音过大；闪裙脱落、龟裂、粉化；均压环或屏蔽环歪斜、断裂、脱落；

招弧角脱落等情况。

2. 常见缺陷

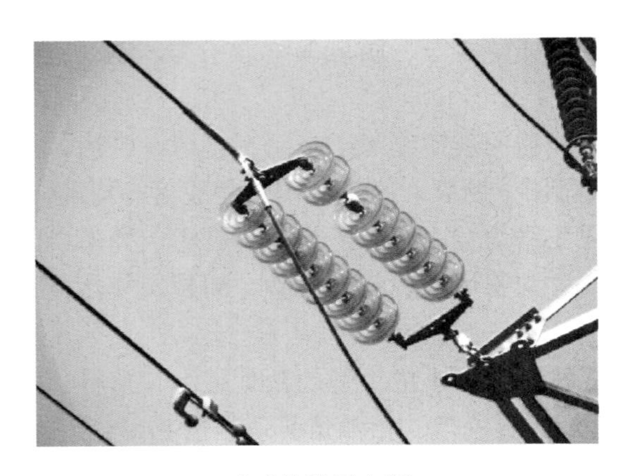

玻璃绝缘子自爆

悬垂串绝缘子倾斜

合成绝缘子断裂

均压环掉落 1

均压环掉落 2

绝缘子伞群破损

3. 填报要求

（1）玻璃绝缘子、瓷质绝缘子缺陷填报：

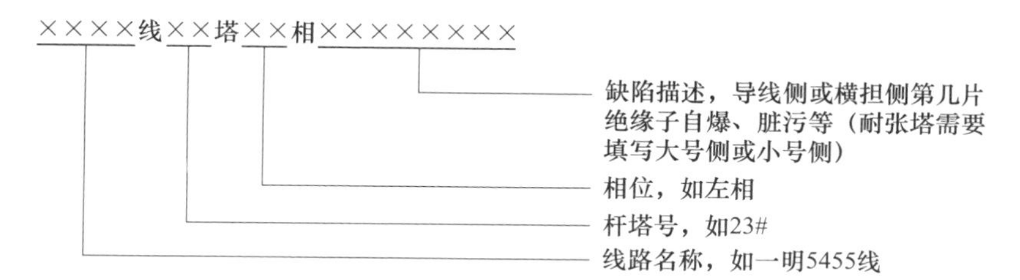

例：一明 5455 线 23#塔左相大号侧横担侧第 3 片绝缘子自爆。

（2）合成绝缘子、防风偏绝缘子、均压环缺陷填报：

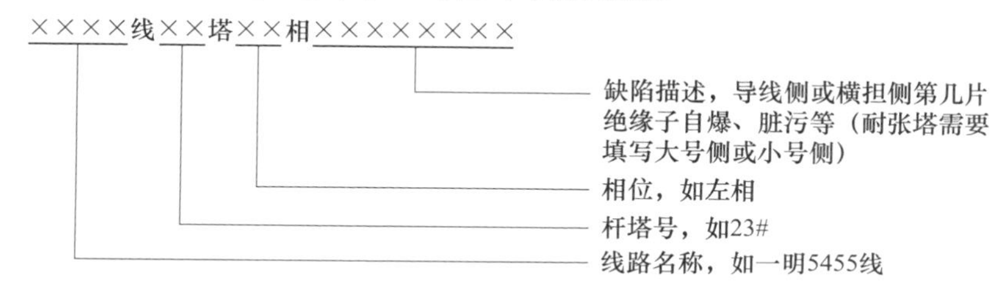

例：一明 5455 线 23#塔左相横担侧均压环掉落。

4. 处置措施

发现该类缺陷应立即上报，危及线路安全运行的严重缺陷或紧急缺陷需要布置现场紧急处理措施后，安排处理。在消缺前应定期监控，直至缺陷消除；一般缺陷结合工作计划或上报大修、技改计划安排消缺。

2.2.6 金具

1. 巡视内容

金具主要包括悬垂线夹、耐张线夹、保护金具、联接金具、接续金具等，巡视时应注意如下内容：

（1）悬垂线夹：巡视时应注意检查悬垂线夹是否存在锈蚀、螺栓松动、脱落、偏移、断裂等情况。

（2）耐张线夹：巡视时应注意检查耐张线夹是否存在锈蚀、螺栓松动、引流线脱落、断裂等情况。

（3）保护金具：主要包括防振锤、间隔棒、均压环、屏蔽环、阻尼线、护线条等巡视时应注意检查保护金具是否存在锈蚀、螺栓松动、脱落、偏移、断裂、断股、散股等情况。

（4）联接金具、接续金具：巡视时应注意检查金具是否存在锈蚀、螺栓松动、断裂等情况。

2. 常见缺陷

防振锤外逃

500kV 跳线悬垂线夹脱落

110kV 跳线悬垂线夹脱落

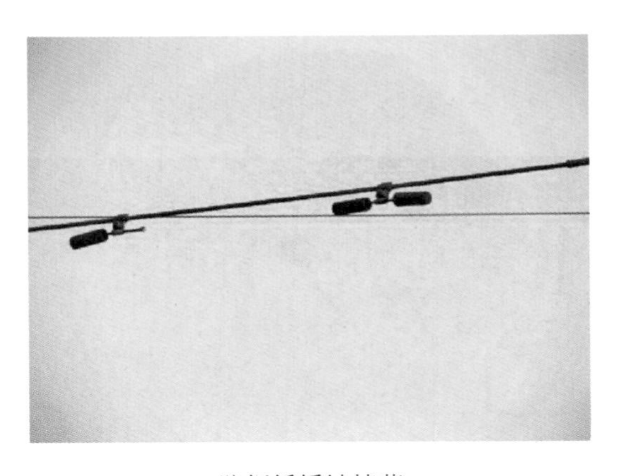

防振锤锈蚀掉落

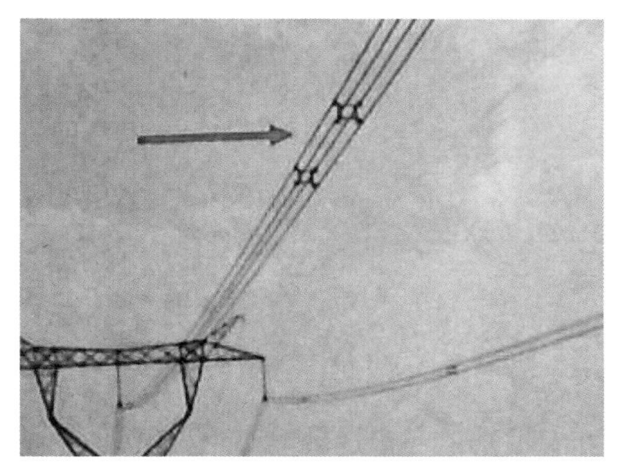

间隔棒滑移

3. 填报要求

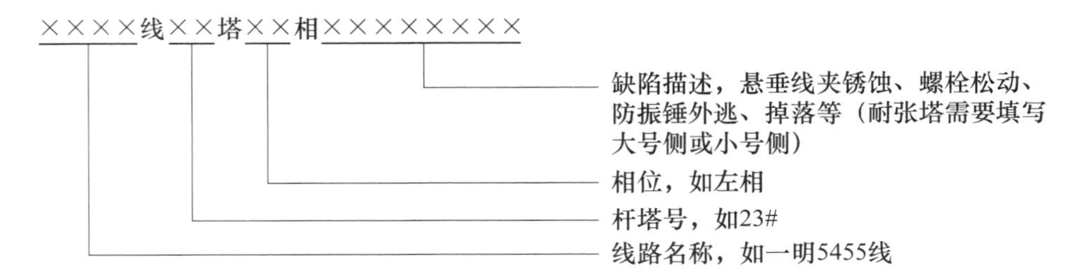

例：一明 5455 线 23#塔左相大号侧导线防振锤外逃 30m。

4. 处置措施

发现该类缺陷应立即上报，危及线路安全运行的严重缺陷或紧急缺陷需要布置现场紧急处理措施后，安排处理。在消缺前应定期监控，直至缺陷消除；一般缺陷结合工作计划或上报大修、技改计划安排消缺。

2.2.7 导地线

1. 巡视内容

导地线主要包括导线、普通架空地线、OPGW 光缆、ADSS 光缆（耦合地线），巡视时应注意如下内容：

（1）导线、地线：巡视时应注意检查导线是否存在锈蚀、断股、松股、散股、子导线绞扭，弧垂不平衡等情况。

（2）OPGW 光缆：巡视时应注意检查 OPGW 光缆是否存在锈蚀、断股、松股、散股、弧垂不平衡、引下线松散绑扎不牢，接地引线开断等情况。

（3）ADSS 光缆：巡视时应注意检查 ADSS 光缆是否存在锈蚀、断股、断线、松股、散股、与导线碰线等情况。

2. 常见缺陷

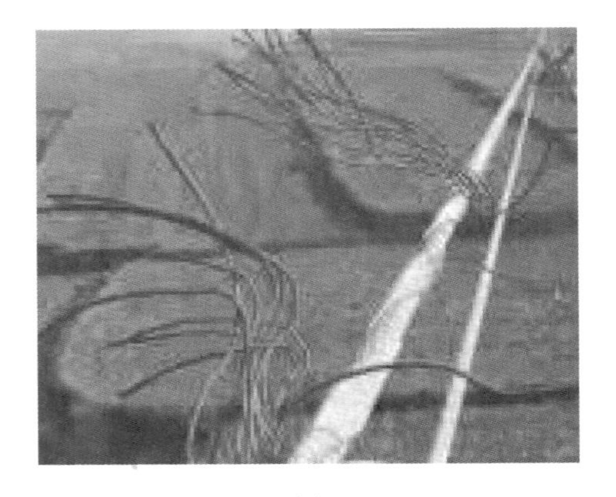

导线断股

地线断股

ADSS 光缆断线

OPGW 光缆接地引线开断

引下线松散绑扎不牢

3. 填报要求

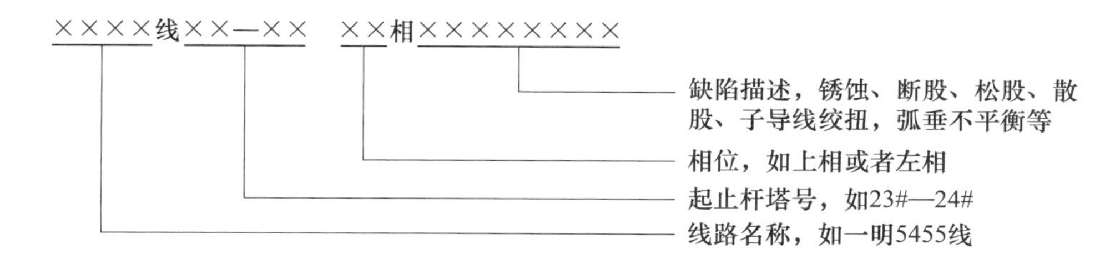

例：一明 5455 线 23#—24#左相距离 23#塔 100m 处导线断股。

4. 处置措施

发现该类缺陷应立即上报，危及线路安全运行的严重缺陷或紧急缺陷需要布置现场紧急处理措施后，安排处理。在消缺前应定期监控，直至缺陷消除；一般缺陷结合工作计划或上报大修、技改计划安排消缺。

2.2.8 附属设施

1. 巡视内容

附属设施巡视主要包括避雷器、在线监测装置、航标灯等的巡视，巡视时应注意如下内容：

（1）避雷器：巡视时应注意检查避雷器有无松动、金具有无脱落、间隙破损、支架松动或脱落、避雷器炸裂等情况。

（2）在线监测装置级航标灯：巡视时应注意检查在线监测装置采集箱有无锈蚀、松动、掉落、太阳能电池板积污情况、引线是否断线、脱落、松动，绑扎是否牢固等情况。

2. 常见缺陷

避雷器间隙均压环缺失

避雷器掉落

避雷器炸裂

3. 填报要求

（1）避雷器缺陷：

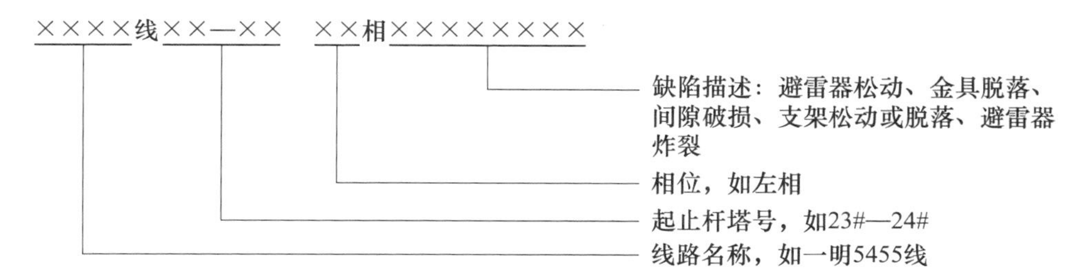

例：一明 5455 线 23#塔左相避雷器炸裂。

（2）在线监测装置缺陷：

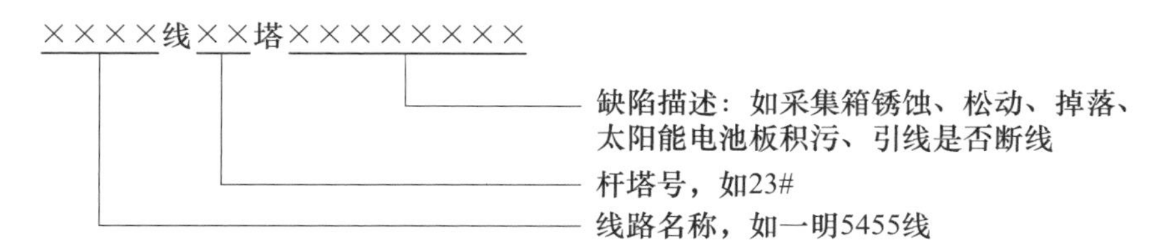

例：一明 5455 线 23#塔图像监测装置引线断线并下垂。

4. 处置措施

发现该类缺陷应立即上报，危及线路安全运行的严重缺陷或紧急缺陷需要布置现场紧急处理措施后，安排处理。在消缺前应定期监控，直至缺陷消除；一般缺陷结合工作计划或上报大修、技改计划安排消缺。

2.3 线路通道巡视及常见隐患

2.3.1 架空输电线路保护区介绍

（1）输电线路保护区定义：导线边线向外侧水平延伸一定距离，并垂直于地面所形成的两平行面内的区域。

电压等级（kV）	延伸距离（m）
35	10
110	10

续表

电压等级（kV）	延伸距离（m）
220	15
500	20
750	25

（2）电力线路设施的保护范围：杆塔、基础、拉线、接地装置、导线、避雷线、金具、绝缘子、登杆塔的爬梯和脚钉，导线跨越航道的保护设施，巡（保）线站，巡视检修专用道路、船舶和桥梁，标志牌及其有关辅助设施。

（3）任何单位或个人在架空电力线路保护区内，必须遵守下列规定：

1）不得堆放谷物、草料、垃圾、矿渣、易燃物、易爆物及其他影响安全供电的物品。

2）不得烧窑、烧荒。

3）不得兴建建筑物、构筑物。

4）不得种植可能危及电力设施安全的植物。

2.3.2　主要巡视内容

机械施工类

机械施工、开挖取土、爆破、堆土、打桩施工等

自然因素类

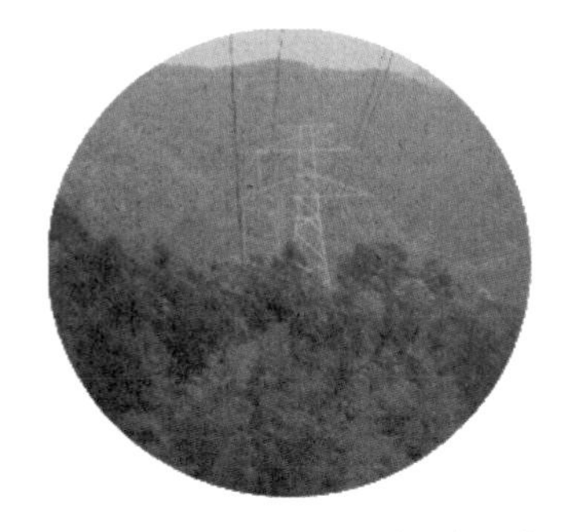

鸟巢、山火、树竹交跨、极端天气等

人为活动类

放风筝、偷盗破坏、大棚、钓鱼、易燃易爆、异物缠绕、工作井占用、倾倒化学腐蚀物品等

2.3.3 常见隐患

1. 树竹隐患

毛竹隐患

引流附近毛竹隐患

树木隐患

（1）隐患来源：树木、毛竹与线路相互交叉跨越，由于树竹生长导致与导线垂直或风偏距离不足，从而威胁线路安全运行。导线在最大弧垂、最大风偏时与树木之间的安全距离见下表。

电压等级（kV）	66～110	220	330	500	750
最大弧垂时垂直距离（m）	4.0	4.5	5.5	7.0	8.5
最大风偏时净空距离（m）	3.5	4	5	7	8.5

（2）处置措施：

1）巡视时应首先确认树竹与导线距离，若周边树竹较密，地面无法观察，可以登塔观察，但必须在两人巡线时才可以登塔观察。

2）对于档距较大，难以观察的情况，可申请利用无人机或其他手段判断距离。

3）巡视时应确认隐患树种，是毛竹、杨树、水杉等。

4）上报时应估算出需处理数量和打头或砍伐高度。

5）发现隐患后应拍照，并做好记录，巡视结束后立即上报。

2. 施工隐患

吊机施工隐患

打桩机施工隐患

塔吊施工隐患

架桥机施工隐患

灌浆机施工隐患

（1）隐患来源：建房、造桥、厂房拆除等工程需要使用的施工机械（吊机、灌浆车、打桩机、挖掘机等）在施工过程中可能与导线垂直或风偏距离不足，从而威胁线路安全运行。

（2）处置措施：

1）巡视时发现通道内有施工迹象，应拍照，并做好记录，包括线路名称、起止杆号等。

2）巡视时发现通道内有施工应了解施工情况、施工计划等并询问施工单位名称、现场负责人姓名、联系电话等信息。

3）巡视时发现通道内有施工机械要对施工人员发放施工安全告知书，并告知安全作业相关内容，强调施工机械需与导线保持的安全距离（见下表）。

电压等级（kV）	66～110	220	500
施工机械与导线净空距离（m）	6	8	10

4）巡视时发现施工机械距离线路较近，对线路威胁较大时应制止作业，并立即上报巡视负责人。

5）发现隐患后应上报设置警示牌，包括类型和数量。

3. 堆土、取土隐患

取土

堆土

（1）隐患来源：河道开挖、地下室开挖、鱼塘开挖、山体采石、泥浆池开挖、砖瓦厂开挖取土等。

（2）处置措施：

1）开挖边线不得进入塔腿周围 10m 范围内。若开挖边线在基础 10m 范围内应制止作业，并立即上报巡视负责人。

2）检查现场是否已设置警示牌，若未设置警示牌，应上报设置警示牌，包括类型和数量。

3）巡视时发现隐患，应拍照，并做好记录，包括线路名称、起止杆号等。

4）巡视时发现隐患应了解施工情况、施工计划等并询问施工单位名称、现场负责人姓名、联系电话等信息。

5）巡视时发现通道内有施工机械要对施工人员发放施工安全告知书，并告知安全作业相关内容。

4. 火灾隐患

（1）隐患来源：

1）坟墓：受传统文化的影响，在祭祀上坟会焚烧纸钱等祭品，容易引发山火，从而影响线路安全运行。

2）垃圾或农作物焚烧：垃圾或农作物焚烧如果过于集中，火势和燃烧温度较高，对线路本体设备的安全性会造成较大影响。

3）易燃易爆物堆放：天然气瓶、汽油柴油罐（桶）、油漆、木材、泡沫板、工业塑料、化学物品、易燃杂物等集中堆放，一旦引发火灾将对线路安全运行构成极大的威胁。

（2）处置措施：

1）发现该类隐患通常不容易在短期内处理，需要长期定期跟踪监控，控制隐患规模，做好防火措施。

2）检查现场是否已设置警示牌，若未设置警示牌，应上报设置警示牌，包括类型和数量。

3）巡视时发现隐患，应拍照，并做好记录，包括线路名称、起止杆号、易燃物描述等。

4）巡视时发现该类隐患应了隐患情况、规模、堆放物品等并询问业主单位名称、负责人姓名、联系电话等信息。

5）巡视时发现该类隐患要对负责人员发放隐患通知书，要求隐患业主单位限期整改。

5. 异物隐患

（1）隐患来源：

1）鸟巢：鸟类在杆塔上筑巢，如果鸟巢在横担头，草或者树枝下垂会缩短原有绝缘间隙，引发线路跳闸。

2）易漂浮物：主要有塑料大棚、有薄膜的农田，广告布等易漂浮物。

3）风筝：线路附近放风筝。

（2）处置措施：

1）巡视发现杆塔上异物隐患应立即上报，要求立即处理。

2）巡视发现杆塔横担头出有鸟巢隐患应立即上报，要求尽快处理。

3）巡视发现有放风筝和易漂浮物隐患时应检查现场是否已设置警示牌，若未设置警示牌，应上报设置警示牌，包括类型和数量。

4）巡视时发现该类隐患，应拍照，并做好记录，包括线路名称、起止杆号、现场描述等。

5）巡视发现有放风筝隐患时劝阻放风筝人员停止或至安全距离外放风筝。

6. 钓鱼

（1）隐患来源：路下方垂钓乐园、鱼塘、河流等可能会钓鱼。

（2）处置措施：

1）发现该类隐患通常长期存在，需要长期定期跟踪监控。

2）检查现场是否已设置警示牌，若未设置警示牌，应上报设置警示牌，包括类型和数量。

3）巡视时发现隐患，应拍照，并做好记录，包括线路名称、起止杆号、现场描述等。

4）劝阻钓鱼者将钓鱼点设置在最外侧导线30m外。

7. 爆破、采矿

（1）隐患来源：采石场采石、建筑物或烟囱爆破等爆破作业。

（2）处置措施：

1）爆破点不得位于线路300m范围内。

2）检查现场是否已设置警示牌。

3）巡视时发现隐患，应拍照，并做好记录，包括线路名称、起止杆号、爆破点位置、与导线距离等。

“三 跨”巡 视

3.1 巡视流程

01 工作前准备

作业前，工作负责人应做好本次作业的准备工作，确认相关资料，并向小组工作负责人（组长）签发工作任务单。

02 现场站班会

工作负责人应召集工作成员进行“三交三查”，包括交代工作任务、安全措施、进行危险点告知，检查人员状况和工作准备，工作班成员签字确认。

03 巡视作业

按任务分工，在本人任务巡视段内按要求进行巡视，发现隐患及时汇报工作负责人并做相应记录。巡视结束工作负责人确认工作成员全部返回，并汇总上报。

04 工作交接

工作离岗前，对发现的缺陷、隐患、安全注意事项等做交接。

3.2 巡 视 内 容

3.2.1 地面状态巡视

运维班组应及时巡视并掌握“三跨”（跨越高速铁路、高速公路和重要输电通道）通道内地理环境、建筑物、树竹生长、特殊气候特点。巡视内容主要包括：

（1）巡视三跨档所在耐张段的通道环境和设备本体情况。

（2）检查绝缘子挂点形式是否满足要求。

（3）查看单导线耐张线夹是否加附引流线。

（4）220kV“三跨”区段双分裂导线是否加装子导线间隔棒。

（5）跨越高铁档是否安装图像或视频在线监测装置。

3.2.2 带电登杆（塔）检查或无人机巡视

输电运维班对“三跨”区段应按期开展带电登杆（塔）检查或无人机巡检。巡视内容主要包括：

（1）巡视“三跨”档两侧杆塔情况。

（2）“三跨”档两侧杆塔金具、绝缘子检查。

（3）“三跨”档两侧杆塔导地线、导线副引流检查。

3.2.3 检测监测

（1）运维单位应制定“三跨”区段检测计划，红外测温周期应不超过 3 个月。当环境温度达到 35℃或输送功率超过额定功率 80%时，应开展红外测温和弧垂测量，依据检测结果、环境温度和负荷情况跟踪检测。

（2）新建及改建的“三跨”区段，应对耐张线夹进行 X 光透视等无损探伤检查。

（3）在运线路的“三跨”区段耐张线夹，应结合停电检修开展金属探伤检查。

3.3 巡 视 周 期

3.3.1 状态巡视周期

“三跨”巡视采用状态巡视方式，状态巡视周期不超过 1 个月，在恶劣天气或地质灾害发生后应及时进行特殊巡视。退运线路“三跨”应视为在运线路开展工作。

3.3.2 “三跨”特殊时段的状态巡视基本周期

“三跨”特殊时段的状态巡视基本周期按以下执行，视现场情况可适当调整。

（1）重冰区、易舞区在覆冰期间巡视周期一般为 2～3 天。

（2）地质灾害区在雨季、洪涝多发期，巡视周期一般为 7 天。

（3）风害区、微风振动区在相应季节巡视周期一般为 15 天。

（4）对“三跨”通道内固定施工作业点，应安排人员现场值守或进行远程视频监视。

（5）重大保电、电网特殊方式等特殊时段，应制定专项运维保障方案，依据方案开展线路巡视。

3.3.3 带电登杆（塔）检查或无人机巡检周期

输电运维班对“三跨”区段应按期开展带电登杆（塔）检查或无人机巡检，检查周期应不超过 3 个月。

3.3.4 带电检测周期

运维单位应制定“三跨”区段检测计划，红外测温周期应不超过 3 个月。

3.3.5 缺陷处理周期

“三跨”一般缺陷消除时间原则上不超过 1 周，最多不超过 1 个月；严重、危急缺陷消除时间不应超过 24 小时，期间应派人现场蹲守，直至缺陷消除。

4

故 障 巡 视

4.1 巡视流程

01 工作前准备

接到调度故障信息，根据故障时天气、故障电流等信息初步判断故障类型；根据测距信息和线路运行情况确定故障区段；工作负责人做好本次作业的准备工作，确认相关资料。

02 运维班地面巡视

运维班巡视负责人应召集工作成员进行“二交一查”。开展地面巡视，观察故障相设备情况，排除全线通道内可能发生故障的危险源并查找故障点。

03 检修班登塔巡视

检修班工作负责人应召集工作成员进行“三交三查”。在故障段内逐基开展登塔巡视，观察故障相设备情况，查找故障点。若故障范围登塔后未发现故障点，需申请扩大巡视范围。发现故障点后应立即上报。

04 编制故障报告

运维班根据故障信息、线路设备信息、巡视结果编制故障巡视报告，并上报上级部门。

4.2 常见故障巡视

4.2.1 雷害故障巡视

（1）故障原因分析。树障引发的故障可根据如下几点进行判断：

1）故障时天气为雷雨。

2）根据雷电定位系统查询落雷情况，初步判断故障雷电，并根据雷电流幅值和线路耐雷水平初步判断绕击还是反击跳闸。

3）若故障范围内有村子，可询问当地供电部门，故障范围内村子是否有停电。

若有以上几个特征点可初步判断雷害故障。

（2）巡视内容。

1）运维班地面巡视。若初步判定为雷电故障，运维班应根据故障范围和故障相位开展巡视，重点检查故障相绝缘子、均压环及导线上有无放电引起的损坏、故障范围内铁塔接地引下线螺栓有无发黑等情况。巡视发现故障点后应拍摄一杆六照（标号牌、基础、全塔、塔头、大号侧通道、小号侧通道）和故障点照片。

2）检修班登塔巡视和无人机巡视。若初步判定为雷电故障，检修班应根据故障范围和故障相位开展登塔巡视，重点检查故障相绝缘子、均压环及导线上有无放电痕迹、故障范围内铁塔接地引下线螺栓有无发黑等情况。该项工作也可以采用无人机对故障范围内杆塔逐基开展精飞，查找雷电放电痕迹。巡视发现故障点后应拍摄一杆六照和故障点照片，并测量故障杆塔和前后两基杆塔接地电阻。

（3）处置措施。

经过巡视若发现雷击故障点应立即上报故障情况。若由于雷击引起地线断线、绝缘子串断裂，避雷器炸裂等情况，应立即上报现场情况，并保护现场，禁止人员进入导地线落地点 8m 范围内。

4.2.2 树障故障巡视

（1）故障原因分析。树障引发的故障可根据如下几点进行判断：

1）故障信息初步判定故障地点，故障点附近是否有树障隐患。

2）树障多数在线路下方或风偏处，树障故障跳闸多发生在下相。

若有以上两个特征点可初步判断为树障故障。

（2）巡视内容。

1）运维班地面巡视。若初步判定为树障故障，运维班应根据故障范围和故障相位开展巡视，重点检查故障相导线上有无放电引起的损坏、故障范围通道是否有树竹碳化、烧焦等情况。巡视发现故障点后应拍摄一杆六照和故障点照片。

2）设备检查。发现故障点后可利用无人机对故障点导线进行检查，查看是否断股或其他损伤。

（3）处置措施。

发现故障点后巡视人员应保持与故障点足够安全距离，防止再次放电引发人身伤害。巡视人员应估计树木与导线距离，申请停电处理树木或采取安全措施后开展带电处理树木，禁止擅自处理引发故障的树木。

4.2.3 冰灾故障巡视

（1）故障原因分析。冰灾引发的故障可根据如下几点进行判断：

1）故障发生地点多发生在覆冰区，主要以高山大岭和微气象区为主。

2）冰灾故障时季节为冬季，天气多为低温高湿，多有降雪或冻雨。

3）若冰灾故障引发的跳闸多数导致倒塔断

线，永久性接地故障。

若有以上几个特征点可初步判断为冰灾故障。

（2）巡视内容。

该类故障巡视以地面巡视为主，巡视内容主要包括输电通道周边雨雪冰灾情况，导线、杆塔覆冰情况，倒塔断线详细情况，测量覆冰厚度。采集现场图片。

绝缘子桥接

周边环境

倒塔断线

导线覆冰

（3）处置措施。

汇报导线、杆塔覆冰情况，倒塔断线详细情况，测量覆冰厚度。保护现场，禁止无关人员进入导地线落地点 10m 范围内，禁止无关人员进入杆塔全高 1.2 倍的倒塔范围内，保证人身安全。

4.2.4 外力破坏故障巡视

（1）故障原因分析。外力破坏引发的故障可根据如下几点进行判断：

1）故障发生地点多多数为人口密集区或施工高发区，故障点附近有通道隐患。

2）外力破坏故障时天气多为晴天，有利于施工开展。

3）外力破坏多数在线路下方或风偏处，故障跳闸多发生在下相。

若有以上几个特征点可初步判断为外力破坏故障。

（2）巡视内容。

1）运维班地面巡视。该类故障运维班应根据运维经验，首先对通道隐患业主进行询问，确认已知在控隐患是否发生外力破坏。现场巡视应首先巡视测距范围内的隐患易发地点。

巡视发现故障点后应检查故障现场情况和设备损伤情况。对事故当事人开展事故调查，包括询问事故经过，调查事故直接原因，记录现场事故车辆车牌，驾驶证、行驶证，事故业主单位、施工单位及相关负责人联系方式等信息。

2）设备检查。发现故障点后可利用无人机对故障点进行检查，查看是否断股或其他损伤。

（3）处置措施。

拍照记录故障现场情况和设备损伤情况及相关人员、车辆、单位信息。若设备有损伤影响设备安全运行，应采取停电或开展带电作业方式修复。

4.2.5 异物、鸟害和小动物故障巡视

小动物影响

鸟粪跳闸

异物跳闸

（1）故障原因分析。

该类故障为塔上异物导致空气间隙被击穿而发生故障，从时间、地点、天气等方面都较难对该类故障做出初步判断。但可以通过排除以上所有原因而初步判断为改类故障跳闸。

（2）巡视内容。

1）运维班地面巡视。若初步判定为异物故障，运维班应根据故障范围和故障相位开展巡视，重点检查故障相杆塔、导线、绝缘子串或通道内上有无异物。巡视发现故障点后应拍摄一杆六照和故障点照片。

2）检修班登塔巡视或无人机巡视。利用无人机对故障区段进行检查，查找故障点、查看设备是否有导线断股或其他损伤。

（3）处置措施。

若发现故障点异物仍在存在，应采取停电或开展带电作业方式清除。

4.3 报告编写

运维班根据故障信息、线路设备信息、巡视结果编制故障巡视报告，并上报上级部门。报告应包含故障信息、线路概况、故障区段相信信息、巡视开展情况、故障点图片、故障原因分析和后续处理措施。

保 供 电 巡 视

5.1 保供电工作流程

电网风险预警保电工作分为风险评估、工作部署、方案制订、任务实施和总结上报等五个阶段。

5.1.1 风险评估

调度部门组织电网运行风险辨识和评估，编制并发布“电网运行风险预警通知单”，提出电网运行风险预警管控措施要求，并及时发布风险变更情况。

5.1.2 工作部署

运检部门根据调控部门发布的电网风险预警，组织保电单位开展保电线路隐患排查和消缺，编制保电方案，落实保电队伍。

5.1.3 方案制订

保电单位根据电网风险预警等级，结合隐患排查和消缺结果，编制不同等级的电网风险预警保电工作方案，保电方案应包含保电依据、目标，保电等级和时间，组织措施和分工，分阶段工作计划和保电要求。

5.1.4 任务实施

保电单位根据电网风险预警保电方案负责做好保电前的线路隐患排查和消缺、保电期间的线路现场巡视、通道隐患治理、危险点管控、带电检测等工作，相关管理部门组织对保电工作全过程进行监督、检查。

5.1.5 总结上报

保电单位在保电工作结束后一周内上报工作总结，主要包括工作组织、技术措施、具体实施过程及完成情况、人力物力投入情况、对所暴露问题的分析认识及改进措施等内容。

5.2 保供电等级

根据《国家电网公司安全事故调查规程》确定的电网风险事件等级，电网风险预警保电分为四个等级：

（1）三级及以上电网风险保电：对可能引发三级及以上电网事件风险开展的保电工作。

（2）四级电网风险保电：对可能引发四级电网事件的风险开展的保电工作。

（3）五级电网风险保电：对可能引发五级电网事件的风险开展的保电工作。

（4）六至八级电网风险保电：对可能引发六级及以下电网事件的风险开展的保电工作。

5.3 保供电巡视频次

（1）三级及以上电网风险：开展全天候不间断巡视。

（2）四级电网风险：

1）对保供电线路每天全面巡视一次。

2）通道内固定施工作业点、危险点，通知停止作业，每天巡视 2 次，必要时应派人或安排群众护线员现场值守。

3）保电时段对山火高发重点地段及时段，每天巡视不应少于 2 次，处于人员难以到达的山区，可委派群众护线人员现场值守。

（3）五级电网风险：

1）每 2 天全面巡视一次。

2）对通道内固定施工作业点、危险点及偷盗多发区，每天巡视 1 次，必要时应派人或安排群众护线员现场值守。

3）保电时段对山火高发重点地段及时段，每天巡视不应少于 1 次，处于人员难以到达的山区，可委派群众护线人员现场值守。

（4）六至八级电网风险：

1）每周全面巡视一次。

2）通道内固定施工作业点、危险点及偷盗多发区，每 2 天巡视 1 次，必要时应派人或安排群众护线员现场值守。

3）保电时段对山火高发重点地段及时段，每天巡视不应少于 1 次，处于人员难以到达的山区，可委派群众护线人员现场值守。

5.4 巡视工作要求及检查重点

5.4.1 人员装备

巡线背包、望远镜、照明设备（夜间）、通信设备、数码相机。

5.4.2 携带资料

外联单、宣传材料、巡视工作细则、巡视记录表。

5.4.3 安全注意事项

（1）平原巡视要注意狗咬、道路交通等安全问题，山区巡视要注意蛇咬、扎脚、山路湿滑等安全问题。

（2）巡视中应带齐蛇药及防治蚊虫叮咬药物、暑期巡视时应携带防暑降温药品。

（3）巡视人员发现导线断落地面悬吊空中时，不得进入断线地点 8m 以内，并应设法防止行人靠近断线地点 8m 以内，同时迅速向本单位指挥部报告，等候处理。

5.4.4 巡视范围

（1）保电线路段落高压架空输电线路保护区。

（2）架空电力线路保护区即为导线边线向外侧水平延伸并垂直于地面所形成的两平行面内的区域。

5.4.5 巡视工作重点

（1）大雾、潮湿天气，重点巡视绝缘子污秽程度。

（2）大风天气，重点巡视跳线、导地线的风偏及风刮异物情况。

（3）雷雨天气，重点巡视防雷设施、防汛设施。

（4）高温天气、大负荷期间，重点巡视交叉跨越、树木。

（5）外力隐患，重点巡视防护区附近施工、堆物、植树等影响电力设施安全的行为。

5.4.6 巡视内容

在气候剧烈变化、自然灾害、外力影响、异常运行和其他特殊情况时及时发现线路的异常现象及部件的变形损坏情况。特殊巡视根据需要及时进行，一般巡视全线、某线段或某部件。

（1）检查沿线环境有无影响线路安全的下列情况：

1）向线路设施射击、抛掷物体。

2）攀登杆塔或在杆塔上架设电力线、通信线、广播线，以及安装广播喇叭。

3）利用杆塔拉线作起重牵引地锚，在杆塔拉线上拴牲畜，悬挂物件。

4）在杆塔内（不含杆塔与杆塔之间）或杆塔与拉线之间修建车道。

5）在杆塔拉线基础周围取土、打桩、钻探、开挖或倾倒酸、碱、盐及其他有害化学物品。

6）在线路保护区内进行农田水利基本建设及打桩、钻探、开挖、地下采掘等作业。

7）在线路保护区内有进入或穿越保护区的超高机械。

（2）检查杆塔、拉线和基础有无下列缺陷和运行情况的变化。

1）塔倾斜、横担歪扭及杆塔部件锈蚀变形、缺损。

2）混凝土杆出现裂纹或裂纹扩展，混凝土脱落、钢筋外露。

3）拉线及部件锈蚀、松弛、断股抽筋、张力分配不均，部件丢失和被破坏等现象。

4）杆塔及拉线的基础变异，周围土壤突起或沉陷，基础裂纹、损坏、下沉或上拔，护基沉塌或被冲刷。

（3）检查绝缘子、绝缘横担及金具有无下列缺陷和运行情况的变化：

1）瓷质绝缘子破碎，钢化玻璃绝缘子爆裂。

2）绝缘子串、绝缘横担偏斜。

5.5 信息报送

5.5.1 正常信息报送

正常情况下，线路巡视人员完成当日工作回单位后应填写保电巡视反馈单，发现缺陷录入系统，并将照片资料一同交巡视组组长，由组长向本单位汇报并存档。

5.5.2　异常信息报送

异常情况（发现危急缺陷或发生故障）下，组长立即向本单位汇报，并按本单位输电专业应急处置预案执行，情况危急需立即停电处理的巡视组可直接报送保电总负责人。

观 冰 巡 视

6.1 巡 视 流 程

01 工作前准备

观冰巡视前工作人员应准备好登山杖，棉手套登山鞋等防寒保暖装备，准备好称重器，温湿度观测仪等；工作负责人做好本次作业的准备工作，确认相关资料。

02 巡视安排

运维班巡视负责人应召集工作成员进行“三交三查”。根据技术组巡视计划开展观冰巡视，观察。如可能应下雪封山地区应提前安排驻守。

03 现场巡视

巡视人员到达工作地点应先确认工作线路名称杆号、记录当时温湿度，风速等信息，称量观冰重量、覆冰厚度等信息，观察铁塔导地线覆冰情况、周边环境等。

04 信息报送

巡视结束后应规范填写观冰巡视记录，并上报。

6.2 巡视工作要求及检查重点

6.2.1 人员装备

巡线背包、望远镜、登山杖、通信设备、数码相机、温湿度监测仪、称重器、游标卡尺。

6.2.2 携带资料

巡视工作细则、巡视记录表。

6.2.3 安全注意事项

（1）山区巡视要注意积雪覆冰打滑、扎脚、山路险峻跌落等安全问题。

（2）巡视中应防寒保暖。

（3）巡视过程中应保持通信畅通。

（4）巡视人员发现导线断落地面悬吊空中时，不得进入断线地点 8m 以内，并应设法防止行人靠近断线地点 8m 以内，同时迅速向本单位指挥部报告，等候处理。

6.2.4 巡视范围

根据单位下发工作任务单确定工作范围。

6.2.5 巡视内容

铁塔覆冰

绝缘子串覆冰

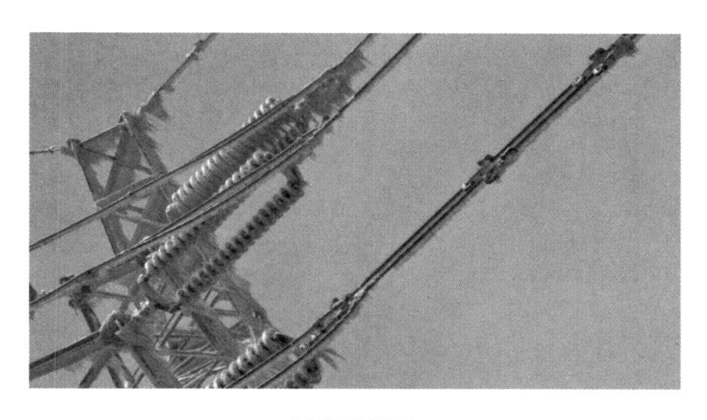
引流线覆冰

周边环境

（1）巡视线路通道周边积雪覆冰程度。

（2）巡视铁塔覆冰情况，是否有倒塔情况发生。

（3）巡视导地线覆冰情况，是否有断线情况发生。

（4）巡视绝缘子是否有覆冰，是否发生桥接。

（5）测量观冰器重量和覆冰厚度。

6.3 信 息 报 送

6.3.1 正常信息报送

正常情况下，线路巡视人员完成当日工作后应填写观冰巡视现场作业卡，并将照片资料一同交巡视组组长，由组长向本单位汇报并存档。

6.3.2 异常信息报送

异常情况（发现危急缺陷或发生故障）下，立即向本单位汇报，并按应急处置预案执行，情况危急需立即停电处理。

应 急 处 置

7.1 动物（蜂、蛇、狗等）袭击事件现场应急处置方案

7.1.1 工作场所

输电线路作业场所。

7.1.2 事件特征

作业人员在野外作业过程中，遭野蜂、蛇、狗等动物袭击受伤，伤口出现流血、肿胀、中毒症状。

7.1.3 岗位应急职责

（1）工作负责人：

1）负责现场伤员的救治及处置工作。

2）联系医疗部门救治。

3）向本单位部门主管领导汇报。

（2）工作班人员：开展伤员救治及现场控制。

7.1.4 现场应急处置

（1）现场应具备条件：

1）通信工具、照明工具等工器具。

2）急救箱及药品等防护用品。

（2）现场应急处置程序：

1）控制蜂、蛇、狗等动物，如不能控制，采取躲避形式脱离威胁。

2）进行现场救治伤员。

3）联系医疗部门救治，向本单位部门主管领导汇报伤员情况。

4）送伤员到医疗部门救治。

（3）现场应急处置措施：

1）发现蜂、蛇、狗等动物伤人后，立即组织现场人员利用操作棒、撬杠、木棒等工具驱赶或扑杀蜂、蛇、狗等动物。

2）被狗、蜂咬伤后尽快用浓肥皂水彻底冲洗伤口至少 15min，再用清水清洗伤口，然后用 2%～3%的碘酒或 75%的酒精局部消毒或 5%石炭酸局部烧灼伤口。

3）被蛇咬伤后，首先确定是否被毒蛇咬伤，如毒蛇咬伤的伤口上有两个较大和较深的牙痕，确认被毒蛇咬伤后不要惊慌、奔跑及饮酒。放低伤肢，用布带在咬伤处近心端 5cm

处扎紧，并每隔10～20min放松1～2min。然后冲洗局部伤口，除去伤口毒液。

4）及时拨打“120”电话联系医疗部门救治。向部门主管领导详细汇报伤员受伤情况及现场处置情况。

5）安排人员到路口接应救护车辆，送伤员到医院救治。

7.1.5 注意事项

（1）被犬咬伤后，无论是否为疯犬，都要尽早注射狂犬疫苗，越早越好。被犬咬伤后，如果有少量出血，不要急于止血，要先清洗消毒伤口。

（2）被蜂咬伤后，要注意观察，如有肿胀等现象要到医院进行进一步消毒和医治。

（3）现场人员在控制蜂、蛇、狗等动物过程中，做好自我防护，防止再次伤人。

7.2 交通事故现场处置方案

7.2.1 工作场所

输电线路作业人员外出作业交通事故现场。

7.2.2 事件特征

车辆在前往作业现场途中，发生轻微、一般、重大等不同交通事故，造成车辆受损、人员伤亡。

7.2.3 岗位应急职责

（1）驾驶人员：

1）立即停车，做好防次生事故措施。

2）立即抢救伤员和物资。

3）及时联系医疗、消防部门施救，向单位负责人、交警部门、保险公司报警，负责保护现场。

4）记录目击者及相关车辆信息。

5）配合交警部门处理现场。

（2）乘坐人员：

1）协同驾驶员抢救伤员和物资。

2）当驾驶员失去行动能力时，替驾驶员履行职责。

3）撤离车辆，选择安全位置等待救援。

4）及时向本单位部门主管领导汇报事故情况。

5）配合交警部门，阐述事故原因。

7.2.4 现场应急处置

（1）现场应具备条件：

1）通信工具、照明工具、灭火器、千斤顶、安全警示标志、牵引绳等工器具。

2）急救箱及药品防护用品。

3）施救所需设备。

（2）现场应急处置程序：

1）采取防次生事故措施。

2）检查事故现场。

3）向有关部门报警，向本单位部门主管领导汇报。

4）抢救伤员和物资。

（3）现场应急处置措施：

1）发生交通事故后，驾驶员立即停车，拉紧手制动，切断电源，开启双闪警示灯等，在车后设置危险警告标志，组织车上人员疏散到路外安全地点。

2）检查人员伤亡和车辆损坏情况。

3）及时拨打“122”“120”“119”电话向交通、医疗、消防部门报警。及时向本单位部门主管领导报告事故情况。

4）及时抢救伤员，根据伤情采取不同的急救措施：① 外伤急救措施：包扎止血。② 内伤急救措施：平躺，抬高下肢，保持温暖，速送医院救治。③ 骨折急救措施：肢体骨折采取夹板固定。颈椎、腰椎损伤采取平卧、固定措施。搬动时应数人合作，保持平稳，不能扭曲。④ 颅脑外伤急救措施：平卧，保持气道畅通，防止呕吐物造成窒息。

7.2.5 注意事项

（1）如车辆出现漏油，应及时提醒他人严禁使用明火，尽快离开车辆。

（2）在伤员救治和转移过程中，采取固定等措施，防止加重伤员的伤情。

（3）在无过往车辆或救护车的情况下，可以动用肇事车辆运送伤员到医院救治，但要做好标记，并留人看护现场。

（4）要保持冷静，记录肇事车辆、肇事司机等信息，保护好事故现场，依法合规配合做好事件处理。

7.3　烫（灼）伤伤害、高温中暑现场处置方案

7.3.1　工作场所

输电线路作业场所。

7.3.2　事件特征

作业人员在作业过程中，发生烫（灼）伤伤害、高温中暑。

7.3.3　岗位应急职责

（1）工作负责人：

1）负责现场伤员的救治及处置工作。

2）联系医疗部门救治。

3）向本单位部门主管领导汇报。

（2）工作班人员：开展伤员救治及现场控制。

7.3.4 现场应急处置

（1）现场应具备条件：

1）通信工具、照明工具等工器具。

2）急救箱及药品等防护用品。

（2）现场应急处置程序：

1）控制、脱离危险源。

2）现场救治伤员。

3）联系医疗部门救治，向本单位部门主管领导汇报伤员情况。

4）送伤员到医疗部门救治。

（3）现场应急处置措施：

1）烫（灼）伤伤害处理。烧烫伤是由热能引起，可造成局部组织损伤、皮肤功能、液体丢失、细菌感染等，严重者可危及生命。先要脱离热源，用冷水冲洗 20min 或无痛感。轻轻擦干伤口，用纱布遮盖，保护伤口。严重烧伤，迅速拨打“120”电话联系医疗部门救治。

2）发生强酸强碱灼伤处理。用干净的布迅速擦干伤口，用流动清水彻底冲洗受伤部位，除去沾有化学品的衣服、饰物、手表，处理相关损伤。迅速拨打“120”电话联系医疗部门救治。

3）发生中暑处理。将病人搀扶于阴凉或通风处，为病人扇风，解开衣领、腰带，脱去外衣，用温水擦头颈部及四肢。清醒者可饮一些淡盐水或淡茶水。观察呼吸、脉搏。迅速拨打“120”电话联系医疗部门救治。

4）向部门主管领导详细汇报伤员受伤情况及现场处置情况。

5）安排人员到路口接应救护车辆，送伤员到医院救治。